Michael Wenzel

# Landschaftszonen Europas und ihre Nutzungsmöglichkeiten

GRIN Verlag

**Bibliografische Information der Deutschen Nationalbibliothek:**

Die Deutsche Bibliothek verzeichnet diese Publikation in der Deutschen National-
bibliografie; detaillierte bibliografische Daten sind im Internet über http://dnb.d-
nb.de/ abrufbar.



**Impressum:**

Copyright © 2009 GRIN Verlag GmbH
Druck und Bindung: Books on Demand GmbH, Norderstedt Germany
ISBN: 978-3-640-31818-6

**Dieses Buch bei GRIN:**

http://www.grin.com/de/e-book/126075/landschaftszonen-europas-und-ihre-nut-
zungsmoeglichkeiten

# Landschaftszonen Europas und ihre Nutzungsmöglichkeiten

Michael Wenzel

Studiengang: Diplom Geographie

# 1.    Einleitung

Weite Ebenen, schroffe Berge, tiefe Täler, eisiger Boden, riesige Wälder, offene Wiesen, steile Küsten, flache Inseln und unzählige Tiere und Pflanzen – so stellt man sich die Landschaft Europas in kurzen knappen Stichpunkten vor. Eine Vielfalt an Vegetation, Tieren, Böden, morphologischen und klimatischen Unterschieden. Doch ist das wirklich „Landschaft", oder nicht viel eher der Gedanke einer ursprünglichen Natur, bevor der Mensch alles an sich riss und veränderte?

Was ist dann aber eine Landschaft?

„Teil der Erdoberfläche, der durch Faktoren wie Relief, Boden, Klima, Wasserhaushalt, Vegetation, Tierwelt und menschlichen Einfluss in einheitlicher und charakteristischer Weise geprägt ist. Man unterscheidet eine Naturlandschaft, die durch natürliche Faktoren bestimmt wird, und eine naturnahe L., die nur wenig vom Menschen modifiziert ist, von einer durch den Menschen in unterschiedlichem Maße umgestalteten – Kulturlandschaft, die sich aus der Agrarlandschaft, der Siedlungslandschaft und der Industrielandschaft zusammensetzt" (Schaefer, M. 2003. Wörterbuch der Ökologie. S.180).

Würden wir also dieser Definition folgen, so ist ganz Europa letztlich eine Kulturlandschaft geworden, seit dem der Mensch seine Finger im Spiel der Natur hat. Wir müssten also ganz Europa, bis auf wenige Ausnahmen im äußersten Norden des Kontinents, in Agrarlandschaft, Siedlungslandschaft und Industrielandschaft einteilen und nach der ursprünglichen Naturlandschaft nur in kleinen Flächen der Naturschutzgebiete suchen.

Mit dem Thema „Landschaftszonen Europas und deren Nutzungsmöglichkeiten" soll genau dieses Problem des menschlichen Eingriffs deutlich werden. Zunächst werden die natürlichen, ursprünglichen Landschaften Europas vorgestellt, wie sie vor dem Eingriff des Menschen vorzufinden waren. Anschließend wird das heutige Landschaftsbild Europas näher beleuchtet.


# 2.    Natürliche Landschaftszonen Europas

In diesem Kapitel soll es um die natürlichen Landschaften Europas, vor dem Eingriff des Menschen gehen. Es wird deutlich wie sich die Natur in Europa in bestimmte Zonen einteilen lässt, die durch Faktoren wie Relief, Boden, aber besonders Klima und Vegetation geprägt sind. Natürlich gab es vor ein paar hunderttausend Jahren bereits affenartige und doch menschenähnliche Wesen, die so genannten „Hominiden", die allerdings in Einklang mit der

Natur lebten und sie nicht nachhaltig veränderten. In vielen tausenden Jahren schritt die Evolution voran, bis zum Beispiel der „Neandertaler“, der zu Beginn der letzten Eiszeit lebte, dem Menschen immer ähnlicher wurde und sich schließlich der „Homo sapiens“ bereits während der letzten Eiszeit entwickelte. Dieser „nackte Affe“ ist nun zu dem intelligentesten und anpassungsfähigsten Tier der Erde geworden und konnte sich damit relativ unabhängig von klimatischen Bedingungen, Flora und Fauna auf der ganzen Welt ausbreiten. Wiederum tausende Jahre später, in denen der Mensch lediglich als Sammler und Jäger, mit Hilfe entwickelter Werkzeuge und Waffen sein Dasein fristete und sich schier endlose Wälder über den ganzen Kontinent erstreckten, begann der Mensch sesshaft zu werden. Diese Wandlung von Jägern zu Ackerbauern vollzog sich im Nahen Osten, in den Gebirgen des Vorderen Orients. Von hier breitete sich seit etwa 6500 v. Chr. die neolithische Kultur bis nach ganz Europa aus und war bis etwa 3000 v. Chr. bis nach Skandinavien vorgedrungen. Diese Entwicklung des Menschen zum Viehzüchter und Ackerbauern veränderte die Naturlandschaft Europas nachhaltig zur Kulturlandschaft, der sich die Natur bis heute nicht entledigen konnte (Küster.1996. S. 49 ff). Zu dieser europäischen Kulturlandschaft gibt es im 3. Kapitel nähere Ausführungen und soll diesem Abschnitt als magische Grenze der Beschreibung dienen.

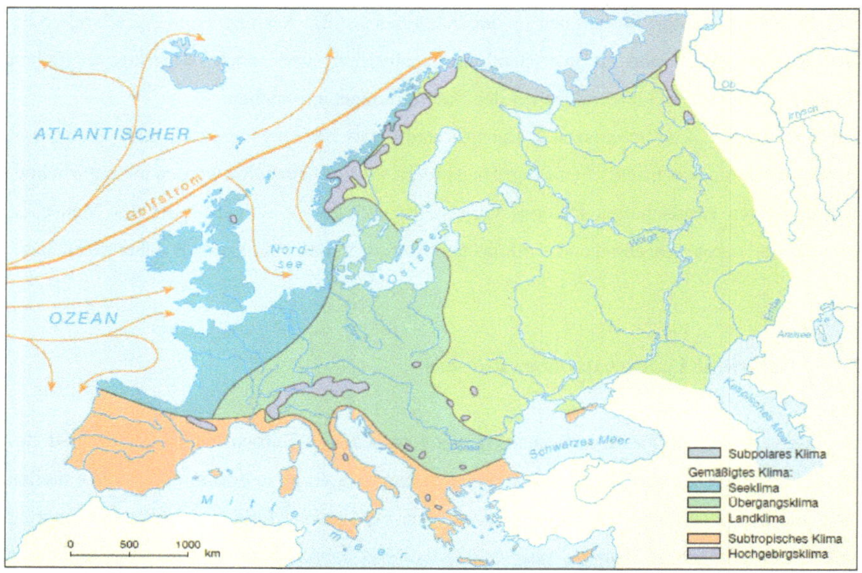


Abb. 1: Klimazonen Europas. © http://www.cornelsen.de/sixcms/media.php/386/Themenseiten2.pdf
Stand: 23.09.08

Diese Abbildung zeigt die unterschiedlichen Klimazonen Europas in ihrer Ausdehnung und Bezeichnung. Das Klima ist natürlich ein bestimmender Faktor für die Einteilung der Zonen, weil es sowohl den Boden, die Vegetation und sogar die Morphologie beeinflusst. Zu den einzelnen Elementen des Klimas, also z.B. zu Temperaturen und Niederschlägen wird bei den einzelnen Landschaften eingegangen. An dieser Stelle soll nur deutlich werden, dass man allein an dieser Karte Europa schon in gewisse Zonen einteilen könnte, wobei die hier dargestellten harten Grenzen natürlicherweise weite Übergänge aufweisen und nicht so scharf gezogen werden können.

Auch die folgende Bodenkarte Europas lässt den Schluss auf bestimmte Zonen zu und zeigt die Verbreitung der Bodenarten. Wie man leicht vermuten kann ist auch der Faktor Boden entscheidend für bestimmte natürliche Pflanzenarten. Zum Beispiel findet man Kiefern besonders auf sandigen Böden, während auf den Braunerden die Buche gut gedeiht.

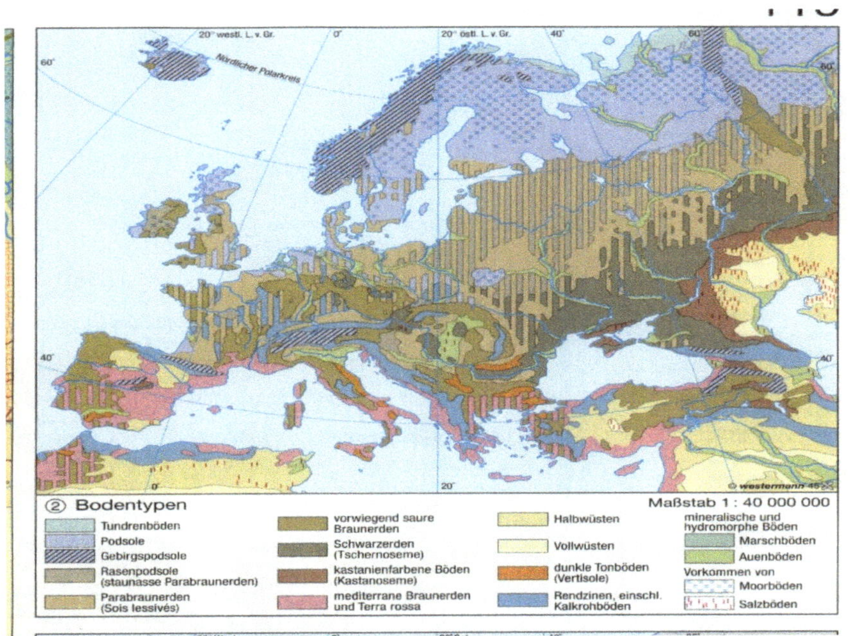


Abb. 2: Bodentypen in Europa. Westermann . 2002. Diercke Weltatlas. S.118.

Nimmt man jetzt die Vegetation, die abhängig von Klima und Boden gewisse Zonen ausbildet, so kann man Europa, wie in der folgenden Abbildung zu sehen ist, in bestimmte Regionen einteilen, wie sie ursprünglich ganz Europa prägten.

Abb. 3: Landschaftszonen Europas. © http://www.rawitzer.de/ek/ek6/download/landschaftszonen.pdf
Stand: 22.09.08

In dieser Abbildung ist noch im äußersten Norden Europas die Tundra abgebildet (weiß) und zusätzlich werden noch die Küsten als eigenständige Landschaftszone beschrieben.

Diese Arbeit soll also einen kurzen Überblick über die natürlichen Landschaftszonen Europas bieten, die unterschiedlichen Merkmale herausstellen und bestimmte Nutzungen durch den Menschen erläutern.

## 2.1    Tundra

Abb. 4: Rentier in der arktischen Steppe.
© http://www.duke.eduwebnicholasbio217rsf4%20awc7caribou_tundra.jpg
Stand: 18.09.08

Die Tundra wird auch als Arktische Steppe bezeichnet, weil ihre harten klimatischen Bedingungen nur eine kleine steppenartige Grasschicht entstehen lassen. Mit sehr harten Wintern und nur kurzen kühlen Sommern liegt die Jahresmitteltemperatur bei -12°C und ist damit viel zu niedrig um einer Vielfalt an Pflanzen und Tieren einen Lebensraum zu bieten. Hinzu kommt eine relativ geringe Niederschlagsmenge von ca. 300 mm pro Jahr, welche dann meistens als Schnee fällt und nur im kurzen Sommer taut. Im äußersten Norden des Kontinents finden wir Permafrostböden, die lediglich im Sommer ein paar Zentimeter an der Oberfläche auftauen und es damit zur Bildung von Mooren, Sümpfen und Teichen kommt, weil das Wasser nicht tiefer in den Boden sickern kann. Die zu kurzen Vegetationszeiten im Sommer lassen keine Bäume wachsen. Natürlich gibt es in den Übergangsbereichen zur Taiga, in denen die Vegetationszeit durch höhere Temperaturen länger ist auch vereinzelte Bäume, von denen besonders die Birke als Pionierpflanze die harten Bedingungen aushält und vor allen anderen Baumarten die arktische Steppe bewächst. Wir finden also normalerweise nur eine gering wüchsige Vegetationsdecke mit gerade einmal ca. 1000 Arten an Blütenpflanzen. Der größte Teil der Biomasse macht das Wurzelwerk aus. Durch die harten klimatischen Bedingungen gibt es hauptsächlich eine vegetative (ungeschlechtliche) Fortpflanzung durch Knospung. Zu den verbreitetsten Arten zählen Wollgräser, Sauergräser,

Heidekräuter, Moose und Flechten, die durch eine gute Anpassung an starke Winde und Bodenstörungen durch Frosthebung den rauen Bedingungen trotzen.

Unter den relativ wenigen Tierarten, die sich teilweise auch nur selten in die Tundra verirren, findet man vorherrschende Weidetiere wie Moschusochse, Karibus und Rentier. Des Weiteren gibt es Schneehasen und Lemminge, Wölfe und Polarfüchse, Eisbären und Braunbären, sowie Schneeeulen, die lautlosen Jäger der Lüfte.

Die Tundra ist ein sehr empfindliches Ökosystem mit einer sehr geringen Regenerationsfähigkeit. Zum Beispiel verursachen Fahrzeugspuren oft tiefe Erosionsrinnen und bleiben jahrelang bestehen. Auch durch die Jagt des Menschen auf Wildtiere wird das empfindliche Gleichgewicht der Tundra gestört (FNNPE. S. 12ff).


## 2.2    Borealer Nadelwald - Taiga

Abb. 5: Borealer Nadelwald. Microsoft ® Encarta ® Enzyklopädie 2005

Der Boreale Nadelwald, auch als Taiga bezeichnet, ist das größte zusammenhängende Waldgebiet der Erde, in dem hauptsächlich Nadelbäume gedeihen. Diese weiten, glazial geprägten Ebenen sind von wenigen Hügelketten durchzogen und mit einzelnen Felsinseln versehen. Das kristalline Ausgangsgestein (Granit und Gneis) ist prägend für den Boden und die darauf wachsende Vegetation.

Die langen, schneereichen Winter und kurzen kühlen Sommer lassen nur Nadelbäume wachsen, die ihre Blätter im Winter nicht abwerfen und damit im kurzen Sommer und der damit kurzen Vegetationsperiode schneller Photosynthese betreiben können, als Laubbäume, die neue Blätter erst herausbilden müssten, nachdem sie diese im Winter abwerfen. Das Klima bestimmt logischerweise die Grenze des Baumwuchses, je weiter nördlich und damit umso kälter es wird, desto weniger Bäume wachsen.

Die durchschnittliche jährliche Temperatur liegt leicht unter 0°C und die jährliche Niederschlagsmenge übersteigt 500 mm nur selten.

Neben Nadelbäumen wie Kiefer, Fichte, Tanne und Lärche wachsen vereinzelt Birken. Die Strauchvegetation wird durch die Heidelbeere und Zwergsträucher geprägt, während in der Krautschicht zum Beispiel Bärlapp und Moosglöckchen zu finden sind. In den letzten Jahrhunderten hat sich die Fichte zu Lasten der Kiefer äußerst gut entwickelt, weil der Mensch durch Blitze verursachte Waldbrände schon im Keim erstickt und damit die Bestände der Fichte schützt.

Ein weiteres prägendes Merkmal der Taiga sind die riesigen Sumpfgebiete, die die Landschaft durchziehen und durch die niedrigen Temperaturen und damit verbundenen geringen Verdunstungsraten nicht austrocknen können. Wie in Abbildung 2 ersichtlich, sind besonders die Podsole als verbreitetste Bodenart prägend für die Vegetation. Neben den großen Fleischfressern, wie Braunbär, Luchs, Wolf und Vielfraß, gibt es zum Beispiel auch Elche, Rentiere, Fischotter, Biber, Auerhähne und viele weitere Tierarten, die anders als in der Tundra durch eine große Vielfalt gekennzeichnet sind (Encarta Enzyklopädie 2005 / FNNPE).


## 2.3    Mischwaldzone

Abb.6: Mischwald der Gemäßigten Zone. FNNPE. S. 17.

Wie man in Abbildung 3 sehen kann, ist die Mischwaldzone der gemäßigten Zone die wohl flächenmäßig größte in Europa. Dieser Übergangsbereich vom reinen Laub- zum reinen Nadelwald ist gerade durch die Mischung dieser Bäume geprägt.

Durch die besseren klimatischen Bedingungen, im Gegensatz zum Norden Europas, können auch Laubbäume wachsen und sich vermehren. Mit einer durchschnittlichen Jahrestemperatur von gerade einmal 8°C ist das Klima dennoch rau. Die Jahresniederschläge schwanken je nach der Lage zum Atlantik relativ stark von 500 mm bis 1000 mm. Je näher wir uns also am Atlantik, der Ostsee oder dem Mittelmeer befinden, umso stärker sind die jährlichen Niederschläge, weil die Westwinde die Wolkenmassen oft nicht bis weit in den Kontinent hineintragen bevor sie sich abregnen und damit die kontinentalen Gebiete mit weniger Niederschlag auskommen müssen.

Trotz der Mischung der Baumarten findet man besondere Gunstgebiete für bestimmte Baumarten, so wird zum Beispiel auf eher sandigem Boden die Fichte von der Kiefer abgelöst, während auf nährstoffreichen, weniger sauren Böden die Stieleiche zusammen mit Hainbuche, Sommerlinde, Bergahorn und Haselnuss die Nadelbäume dominieren.

Die Durchmischung von Laub- und Nadelbäumen hat auch Auswirkungen auf die Zusammensetzung der Tierwelt. Man findet also sowohl typische Laubwaldtiere, wie auch typische Nadelwaldtiere und kann deshalb keine spezifische Tierwelt ausmachen, wenn gleich sie sehr artenreich ist. Dennoch haben zum Beispiel der Weißrückenspecht und das Haselhuhn die höchste Populationsdichte in der Mischwaldzone. Anscheinend fühlen diese Tiere sich hier am wohlsten, genießen den meisten Schutz, haben das größte Nahrungsangebot oder die wenigsten Fressfeinde und steigern somit ihre Population (Mayer, H. 1984. S. 79ff).


## 2.4 Laubwaldzone


Diese Zone der sommergrünen Laubwälder erstreckt sich an den feuchten und milden Westseiten des Kontinents, wie man in Abbildung 3 erkennen kann. Die mittlere Jahrestemperatur liegt je nach Breitengrad zwischen 7°C und 16°C. Der Niederschlag hat ähnlich starke Unterschiede. Die Menge des jährlichen Niederschlags variiert von 500 bis 1200mm.

Die Rotbuche ist, bzw. war, die dominierende Baumart der Laubwälder. Allerdings wird die relativ empfindliche Buche auf trockeneren oder zu nassen Böden von der robusteren Eiche abgelöst. Weitere Vertreter der Laubbäume sind zum Beispiel: Ahorn, Ulme, Haselnuss, Birke und Erle. Das Buschwindröschen ist ein typischer Vertreter der Bodenpflanzen. Die guten klimatischen Bedingungen haben auch positiven Einfluss auf den Artenreichtum der Tierwelt. Neben Rothirsch, Reh und Wildschwein gibt es zahlreiche Vogel- und Käferarten, wie zum Beispiel Schwarz- und Grauspecht, Hohltaube, Rotkehlchen, sowie Hirschkäfer und Eichenbock.

An dieser Stelle wird den anthropogenen Eingriffen in die natürliche Vegetation ein wenig vorweg gegriffen, denn die ausgeprägten Heidelandschaften innerhalb dieser Landschaftszone sind doch zu dominant, als das man sie später zusammenhangslos erwähnen könnte. Durch großflächige Rodungen im Mittelalter, als Holz zum Bauen von Schiffen und Häusern und als Brennholz benötigt wurde, entstanden riesige waldfreie Flächen, die neben der landwirtschaftlichen Nutzung besonders als Weideflächen für Schafe, Ziegen und Kühe benötigt wurden. Diese entstandenen Heidelandschaften erstrecken sich noch heute vom Westen Europas über England bis nach Nordwestdeutschland und Dänemark, wie die Abbildung 8 deutlich macht. Die weiten Ebenen sind vor allem von Glockenheide, Besenheide und Ginster bewachsen und werden von vielen Turmfalken und anderen Greifvögeln überflogen, wenn sie auf der Jagd nach kleinen Säugetieren, wie Mäusen und Hamstern, sind (Walter; Breckle. 1999. S. 325ff / FNNPE. S. 18ff).

Abb.7: Heidelandschaft. FNNPE. S. 19.                    Abb.8: Walter / Breckle. 1999. S. 330

## 2.5    Kontinentale Steppen und trockenes Grasland

Abb.9: Steppenvegetation. FNNPE. S. 25.

Diese Steppenregion im Osten des Kontinents ist rund um das Schwarze Meer bis nach Kasakstan verbreitet. Diese weiten Ebenen sind, bis auf Übergangsregionen zur Mischwaldzone, so genannte Waldsteppen, überwiegend baumlos. Die offenen Pflanzenformationen aus trockenen und kälteresistenten Gräsern, Stauden und Knollen- sowie Zwiebelgewächsen sind besonders gut an die kalten, schneereichen Winter und heißen, trockenen Sommer angepasst, weil sie Temperaturunterschiede von 20°C zwischen Sommer und Winter überleben können. Die geringen verwertbaren Niederschlagsmengen von 450 mm im Jahr fallen meist in Form starker Gewitter im Mai und Juni und sind meist durch die sehr hohe Verdunstung schnell aufgebraucht. Somit ist die Steppe Osteuropas eine der trockensten Gegenden auf dem Kontinent.

Ein besonderer Gunstfaktor der Steppengebiete ist die humusreiche Schwarzerde, auch Tschernosem genannt, die mit einer guten Durchlüftung und Nährstoffreichtum aufwartet und heute überwiegend landwirtschaftlich genutzt wird.

Allerdings muss man sagen, dass ohne das Roden der Menschen, die Steppe mit Wald bedeckt wäre und damit die Schwarzerde zu Braunerde degradiert wäre. Riesige Eichenwälder sind heute durch die Steppenvegetation (Puszta) ersetzt.

Bevor der Mensch die Steppen landwirtschaftlich in Besitz nahm grasten riesige Herden von Antilopen, Wildpferden und Bisons in den weiten Ebenen. Heute finden wir eher viele Bodenwühler, wie Hamster, Spitzmäuse und Pferdespringer.

Desweiteren sind die riesigen Ebenen mit kleinen Salzseen und –sümpfen versehen, die durch die ariden Sommer leicht austrocknen und Salzablagerungen an der Bodenoberfläche zurücklassen. Diese salzigen Böden bedingen die Entwicklung einer Halophytenvegetation, die ursprünglich in Küstengebieten beheimatet war, wie zum Beispiel das Salzkraut (FNNPE. S. 24ff).

## 2.6    Hartlaubgewächse

Abb. 10: Hartlaubgewächse des Mittelmeerraumes. Thaler. 1996. S. 153.

Die Zone der Hartlaubgewächse zählt schon zur Subtropischen Klimazone, in der im Jahresverlauf sehr trockene, heiße Sommer, in denen die Passate heiße Wüstenwinde in den Mittelmeerraum bringen, und milde, niederschlagsreiche Winter auftreten. Ursprünglich gab es immergrüne Eichen- und Pinienwälder, bevor der Mensch Einfluss nahm. Typische Pflanzen des Mittelmeerraumes sind Lorbeer, Oleander und Erdbeerbäume, die an die heißen Temperaturen durch eine besondere Blattstruktur gut angepasst sind. Die ledrigen Blätter der „Sklerophyten" entstehen durch eine verdickte Epidermis, Wachsschichten und starkes Festigungsgewebe (Sklerenchym). Diese Eigenschaften helfen den Pflanzen bei starker Trockenheit ihre Blattporen zu schließen und somit der Verdunstung und Austrocknung vorzubeugen. Allerdings kann während dieser Trockenphasen auch keine Photosynthese durchgeführt werden. Eine weitere erstaunliche Fähigkeit der Hartlaubpflanzen ist die besonders schnelle Regenerationsfähigkeit, denn häufige Waldbrände in den trockenen Jahreszeiten bedingen eine schnelle Regeneration, um das Überleben der Art zu sichern.

Die ehemaligen Wälder sind heute den Weinbergen und Olivenhainen gewichen und darüber hinaus zu einem niedrigen dichten Buschwerk degradiert worden, der so genannten Macchie. Die nachfolgende Karte zeigt die maximale Ausdehnung der Hartlaubgewächse rund um das Mittelmeer. Die Rodungen der Wälder und teilweise starke Gewitter führen zu verstärkter Bodenerosion, ein Problem mit dem selbst die moderne Landwirtschaft zu kämpfen hat (Thaler. 1996. S. 152ff / Walter; Breckle. 1999. S.268ff).

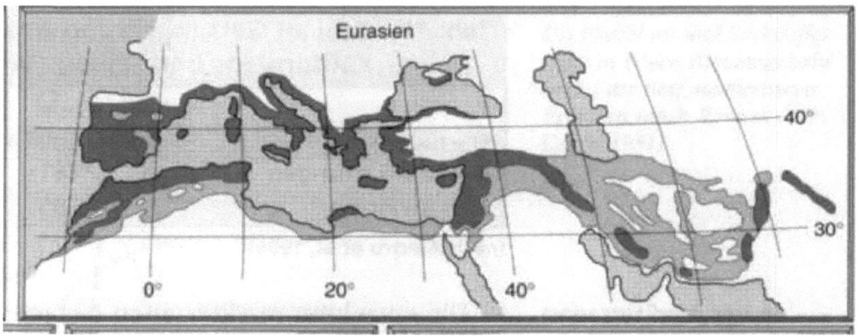


Abb. 11: Verbreitung der Hartlaubgewächse. Walter / Breckle. 1999. S. 269.

Abb. 12: Hochgebirgslandschaft. Microsoft ® Encarta ® Enzyklopädie 2005

Die Alpen, das Skandinavische Gebirge, die Karpaten, die Apenninen, die Pyrenäen, Island, der Ural und eigentlich die gesamte Iberische Halbinsel sind Beispiele für Gebirgslandschaften in Europa, die eine spezifisch angepasste Flora und Fauna aufweisen und damit den eigentlichen Landschaftszonen nicht nur durch ihr imposantes Relief entgegenstehen. Es wechseln sich sowohl schroffe Felsregionen Islands oder der Alpen mit weiten Hochebenen Nordnorwegens und Schwedens ab. Die formende Kraft der Gletscher, Winde und des Niederschlags lassen sich sowohl in den skandinavischen Gebirgen, wie auch in den Alpen ausmachen. Allerdings unterscheiden sich die nordeuropäischen Gebirge von den mitteleuropäischen Gebirgen zum Beispiel in ihrer Bodenbedeckung. Allein die Bodendicke ist in den Alpen um einiges ausgeprägter, weil größere Schneemassen im Winter den Boden und bewachsende Pflanzen vor Frösten schützen, wohingegen in den schneearmen Gebieten in Skandinavien die Pflanzen dem Frost nahezu ungeschützt ausgeliefert sind und sich somit bodenbildende Prozesse deutlich verlangsamen und verkürzen.

Während vor tausenden Jahren auch alle Gebirge in Europa bis zur Baumgrenze, von heute ca. 1800 Metern, bewaldet waren, sind die südeuropäischen Gebirge heute eher kahl durch Rodungen und Überweidung. In nahezu allen Gebirgen kann sich der Nadelbaum gegenüber dem Laubbaum durchsetzen und sich den starken Neigungen und relativ dünnen Bodenschichten durch seine flacheren Wurzeln besser anpassen (FNNPE. S. 29ff).

## 2.8    Küstenlandschaft

Abb. 13 u. 14: Küstenformen. FNNPE. S. 9-10.

Die Küsten Europas sind stark gegliedert. Neben den Küsten des Atlantiks und der Nordsee, liegen die Landmassen Europas noch an der Ostsee, dem Schwarzen-Meer und am Mittelmeer, welche nahezu als Binnenmeere gelten und nur durch enge Zugänge an den Atlantik angebunden sind.

Demzufolge sind die Gezeitenhübe am Ozean um einiges stärker, als dies in den Binnenmeeren der Fall ist und damit auch die Brandungen die die Küsten formen. Es wechseln sich also unterschiedlichste Küstenformen ab. Neben Steil-, Flach-, Fels- und Schlickküsten gibt es auch Sand- und Kieselküsten. Allerdings ist der entscheidende Unterschied der Ostseeküste zur Mittelmeerküste ihre eiszeitliche Prägung. Die Eismassen der letzten Eiszeit formten die heutige Küstenlandschaft. So haben sich entlang der Küste unter Anderem Endmoränen, Zungenbecken, Gletscherströme und Schmelzwasserrinnen gebildet, die durch nacheiszeitliche Küstenausgleichsprozesse die heutige Form erhielten.

Es gibt natürlich je nach Lage der Küstenregionen große Klimaunterschiede. Zum Beispiel sind die Temperaturunterschiede an der Atlantikküste relativ gering im jahresverlauf, während die Ostsee im Winter sogar teilweise zufriert und im Sommer 15°C erreichen kann.

Die angesprochenen starken Brandungen des Atlantiks lassen raue Steilküsten entstehen. Die schwachen Gezeitenhübe im Mittelmeer zum Beispiel lassen eine eher ruhige, aber trotzdem schroffe Felsenküste in das Meer gleiten.

Um noch einmal auf das nächste Kapitel hinzuweisen, werden die Nutzungsmöglichkeiten der Küstengebiete bereits jetzt abgehandelt. Der Mensch nutzt die Küstenregionen zum Fischfang und als beliebte Ausflugsziele für Erholungssuchende. Besonders das Mittelmeer ist durch

sein eher warmes Klima besonders touristenfreundlich und könnte auch als „Tourismuszone"
bezeichnet werden. Dies hat logischerweise einschneidende Auswirkungen auf die natürliche
Küstenlandschaft. Neben riesigen Stränden prägen Yachthäfen und große Ferienanlagen die
Landschaft.

Der Fischfang findet hauptsächlich in einem Streifen von 80 km vor der Küste statt, in dem
das relativ flache Wasser die ertragreichsten Fischfänge gewährleistet. Die Nordsee zählt
dabei zu einem der ertragreichsten Gewässer der Welt und wird ununterbrochen vom
Menschen ausgebeutet. Neben vielen Fischarten werden auch Krabben, Krebse, Garnelen und
Muscheln gefangen und in küstennahen Betrieben verarbeitet. Das Mittelmeer dagegen ist ein
eher ungünstiges Gewässer um viele Fische zu fangen. Hier werden eher kleinere Mengen an
Sardinen, Makrelen und Thunfischen gefangen und damit die Nahrungsgrundlage für
Delphine entzogen.

Mit diesem kurzen Überblick der anthropogenen Nutzung der Küstenregionen soll direkt auf
das nächste Kapitel verwiesen werden, in dem es sich um die Nutzungsmöglichkeiten der
jeweiligen natürlichen Zonen drehen soll und deutlich wird wie stark der Mensch die
Naturlandschaften Europas verändert hat (FNNPE. S. 8ff).


## 3.     Anthropogene Nutzungspotentiale


Bevor die anthropogenen exogenen Nutzungsformen der Landschaften beschrieben werden,
soll die folgende Abbildung eine kleine Zusammenfassung des Besprochenen liefern.
„Europas-Teil" der Darstellung reicht von der Tundra bis hin zur Steppe der Subtropen. In
diesem Bereich wird deutlich wie stark die Vegetation und letztlich das Aussehen der
natürlichen Landschaft von bestimmten Faktoren des Klimas und der Böden abhängt. Je
weiter nördlich wir uns in Europa aufhalten, umso kälter sind die jährlichen
Durchschnittstemperaturen. Damit verbunden ist die Vegetationsperiode deutlich kürzer und
Verdunstungsgrade nehmen deutlich ab. All diese Merkmale/Elemente des Klimas haben
starken Einfluss auf Boden und Vegetation. Letztlich kann auch der Mensch das Klima (noch)
nicht beeinflussen. Demzufolge sind auch Kulturpflanzen, seien sie noch so resistent
gezüchtet oder genetisch verändert worden, auf bestimmte klimatische Bedingungen
angewiesen und gedeihen dementsprechend in humiden und warmen Regionen deutlich
besser als in kalten, trockenen Gebieten des Nordens.

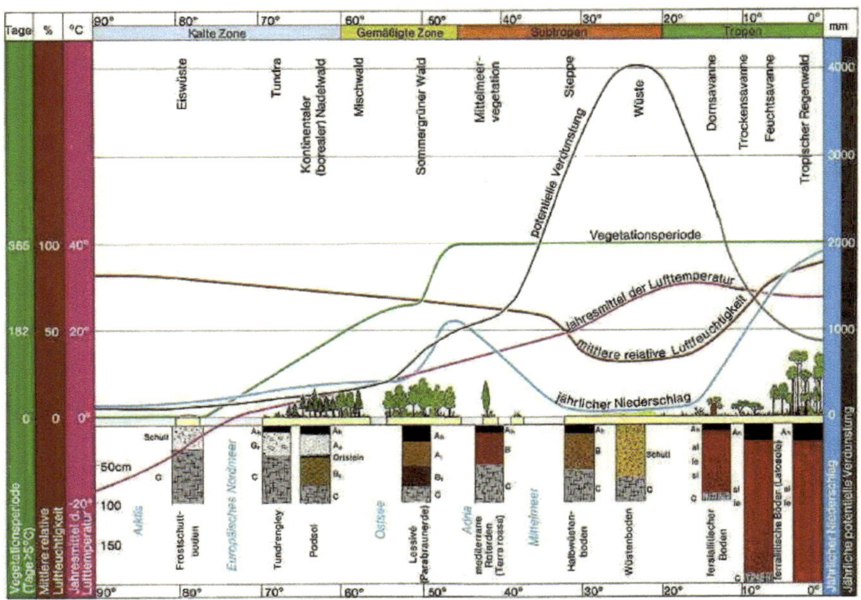


Abb.15: Bestimmende Landschaftsfaktoren. © http://www.klett.desixcmsmedia.php76landschaftszonen_15.jpg
Stand: 22.09.08

Die Nutzungspotentiale sind natürlich, abhängig vom Klima, dem Relief und dem Boden, in den jeweiligen Landschaftszonen sehr unterschiedlich.

Zum Beispiel wird die Tundra vom Menschen lediglich als Rentierweide genutzt, in dem er riesige Herden in die abgelegensten Regionen des Kontinents treibt und die Rentiere grasen lässt.

Die Taiga dagegen wird eher forstwirtschaftlich genutzt. Die riesigen Nadelwälder, in denen die Fichte am stärksten vertreten ist, werden teilweise großflächig abgeholzt und dienen dem Menschen sowohl als Heizmaterial, zum Bau von Schiffen oder Möbeln, sowie einfach als Ackerflächen oder Weideflächen für die Viehherden. Je weiter der Mensch nach Norden vordringt, um so gefährdeter ist dieses Ökosystem, denn großflächige Abholzungen bedeuten gleichzeitig die Zerstörung des Lebensraumes von Pflanzen und Tieren und haben starke Bodenerosionen zur Folge, wodurch der Boden weggeschwemmt wird und damit auch für die landwirtschaftliche Nutzung unattraktiv wird. Da die Regenerationsfähigkeit dieser ewigen Wälder relativ gering ist, haben diese Rodungen komplexe Auswirkungen selbst auf das Klima der Erde, denn durch die Photosynthese der Pflanzen wird das „klimaschädliche" $CO_2$ abgebaut und „überlebenswichtiger" Sauerstoff erzeugt. Der oft diskutierte Klimawandel würde also durch die unüberlegte Abholzung der borealen Nadelwälder verschärft und viel weitreichendere Auswirkungen auf das Leben haben, als dies ohnehin schon der Fall ist.

Die Mischwaldzone ist im Gegensatz zum Borealen Nadelwald schon vollständig landwirtschaftlich genutzt. Bis auf wenige zerstückelte Wälder, die meist auf reliefstarken Untergrund wachsen und damit für die Landwirtschaft ungeeignet sind, sind die weiten Ebenen durch riesige Agrarflächen geprägt und erinnern kaum noch an die ursprünglichen weiten Wälder Europas. Die wenigen Wälder sind wiederum stark forstwirtschaftlich genutzt. Durch ständige Rodungen und Wiederaufforstungen werden schnellwachsende Nadelbäume bevorzugt, die eine größere Biomasseproduktion pro Jahr haben als Laubbäume. Ein großer Nachteil der Nadelforste ist allerdings die starke Sturmanfälligkeit, weil die flachen Wurzeln starken Stürmen nicht widerstehen können. Die einseitigen Fichtenwälder haben weiterhin große Probleme mit Schädlingen, Bodenerosion und Bodenversauerung.

Zu der Laubwaldzone lässt sich ähnliches feststellen, wie in allen anderen Waldgebieten des Kontinents. Der Mensch hat die Landschaft durch Rodungen und Forstwirtschaft nachhaltig verändert. Das beeindruckenste Beispiel ist die Heidelandschaft in England und Nordwestdeutschland. Diesen weiten baumlosen Ebenen wurden vom Menschen erschaffen und schließlich als Weideland für Schafe und Ziegen verwendet, sodass sich bis heute kein Wald mehr bilden konnte.

Auch in den Steppen Osteuropas, welche früher von riesigen Eichenwäldern bedeckt waren hat die Landwirtschaft das Bild der Landschaft stark verändert. Damit einhergehende Probleme, wie die steigende Gefahr der Bodenerosion, die Überweidung, die ackerbauliche Überbeanspruchung und damit wachsende Probleme mit der Desertifikation sind zwangsläufig auf den Menschen zurück zu führen.

Die nachfolgenden beiden Karten machen deutlich, wie stark die Landschaft Europas durch den Menschen verändert wurde und welch unterschiedliche Kulturpflanzen die früheren typisch europäischen Wälder ablösen. Aufgrund der großen Klimaunterschiede und der differenzierten Böden lassen sich auch unterschiedliche Zonen in der Verbreitung der Kulturpflanzen erkennen, wie die Abbildung 16 zeigt.

Abb. 16: Nutzungszonen. Westermann. 2002. S. 118.

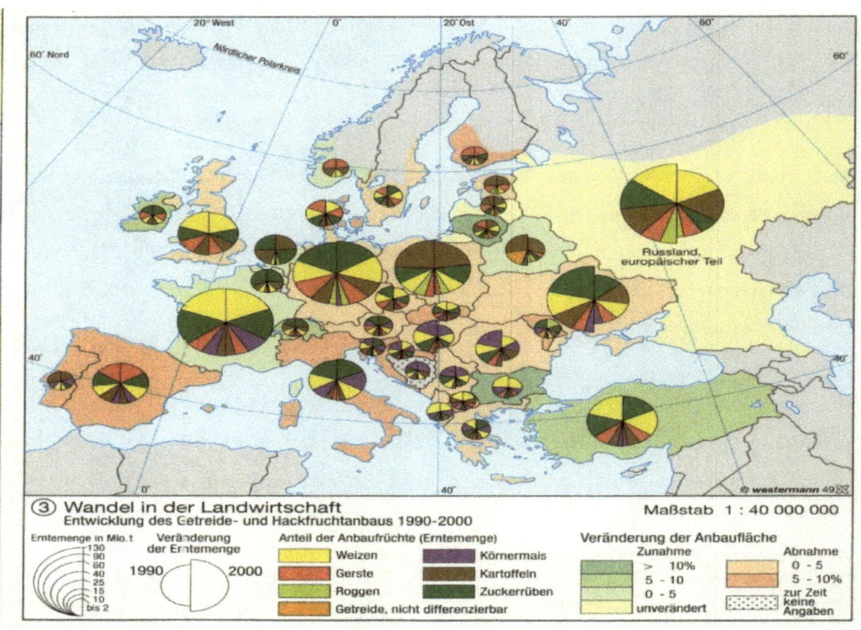


Abb. 17: Landwirtschafts-Wandel. Westermann . Westermann. 2002. S.119.

Zusammenfassend können wir also ganz Europa als Kulturlandschaft bezeichnen, die Aufgrund ihrer unterschiedlichen klimatischen, morphologischen und pedologischen Bedingungen eine heterogene Verteilung der Kulturpflanzen auszeichnet. Die ursprünglichen vom Menschen unberührten Naturlandschaften sind heute kaum noch erkennbar, weil von den ehemaligen riesigen Wäldern die ganz Europa bedeckten, heute nur noch kleinere, zerstückelte Wälder übrig sind, die auch noch forstwirtschaftlich verändert werden und mit der ursprünglichen Zusammensetzung nur wenig gemein haben. Wie im 2. Kapitel einleitend erwähnt hat sich die Hochkultur des Ackerbaus vom Vorderen Orient seit 6500v.Chr. ausgebreitet und erst 3000 v. Chr. ganz Europa eingenommen. So liegt auch nahe, dass die „Weizenzone", die sich heute hauptsächlich in den Steppenlandschaften ausbreitet, eine der ersten Kulturanbaugebiete darstellt. Im Gegensatz dazu sind die Kartoffel und die Zuckerrübe relativ junge Kulturpflanzen in Europa. Zum Beispiel wurde die Kartoffel erst im 16. Jhd. n.Chr. aus Amerika eingeführt und diente damals noch als Zierpflanze, bevor sie seit dem frühen 18. Jhd. als Nahrungsmittel angebaut wurde und heute vor allem in Brandenburg, Polen, Weißrussland und Russland angebaut wird.

Neben Weizen, Kartoffel und Zuckerrübe sind die gemäßigten klimatischen Voraussetzungen Europas besonders für den Anbau von Roggen, Gerste, verschiedene Getreidearten und Mais geeignet. Im Mittelmeerraum dagegen werden vor allem Zitrusfrüchte, Oliven und Wein angebaut. In Landschaften in denen die Reliefenergie für ackerbauliche Nutzung zu hoch ist, wird neben der Forstwirtschaft meist Weidewirtschaft betrieben und Kühe, Ziegen und Schafe gezüchtet.

Abb. 18: Die Landschaft heute. Encarta Enzyklopädie 2005.

**Quellenverzeichnis**

Bender, H-U. / Kümmerle, U. / u.a. (1986): Landschaftszonen. Stuttgart.

Federation of Nature and National Parks in Europe [Hrsg.] (k.A.): Nationalparke: Die Natur Europas. Grafenau.

Justus Perthes Verlag Gotha GmbH [Hrsg.] (1996): Alexander Pro. Gotha.

Klett-Perthes GmbH [Hrsg.] (1993): Alexander Schulatlas. 2. Aufl. Gotha, Stuttgart.

Küster, H. (1996): Geschichte der Landschaft in Mitteleuropa. Von der Eiszeit bis zur Gegenwart. München.

Lichtenberger, E. (2005): Europa. Geographie, Geschichte, Wirtschaft, Politik. Darmstadt.

Liedtke, H. / Marcinek, J. [Hrsg.] (2002): Physische Geographie Deutschlands. Gotha.

Mayer, H. (1984): Wälder Europas. Stuttgart, New York.

Microsoft ® Encarta ® Enzyklopädie 2005 © 1993-2004 Microsoft Corporation.

Strahler, A.H. / Strahler A.N. (2005): Physische Geographie. 3. Aufl. Stuttgart.

Thaler, M. [Hrsg.] (1996): Atlas der Naturlandschaften. Die letzten Paradiese unserer Erde. München.

Westermann [Hrsg.] (2002): Diercke. Weltatlas. 5.Aufl. Braunschweig.

Wallert, W. (2004): Geovokabeln. Geographie kurzgefaßt in 8 Heften. Heft 3 Klimatologie, Landschaftszonen. Stuttgart.

Walter, H. / Breckle, S.-W. (1999): Vegetation und Klimazonen. 7. Aufl. Stuttgart. (=UTB für Wissenschaft, Bd. 14).